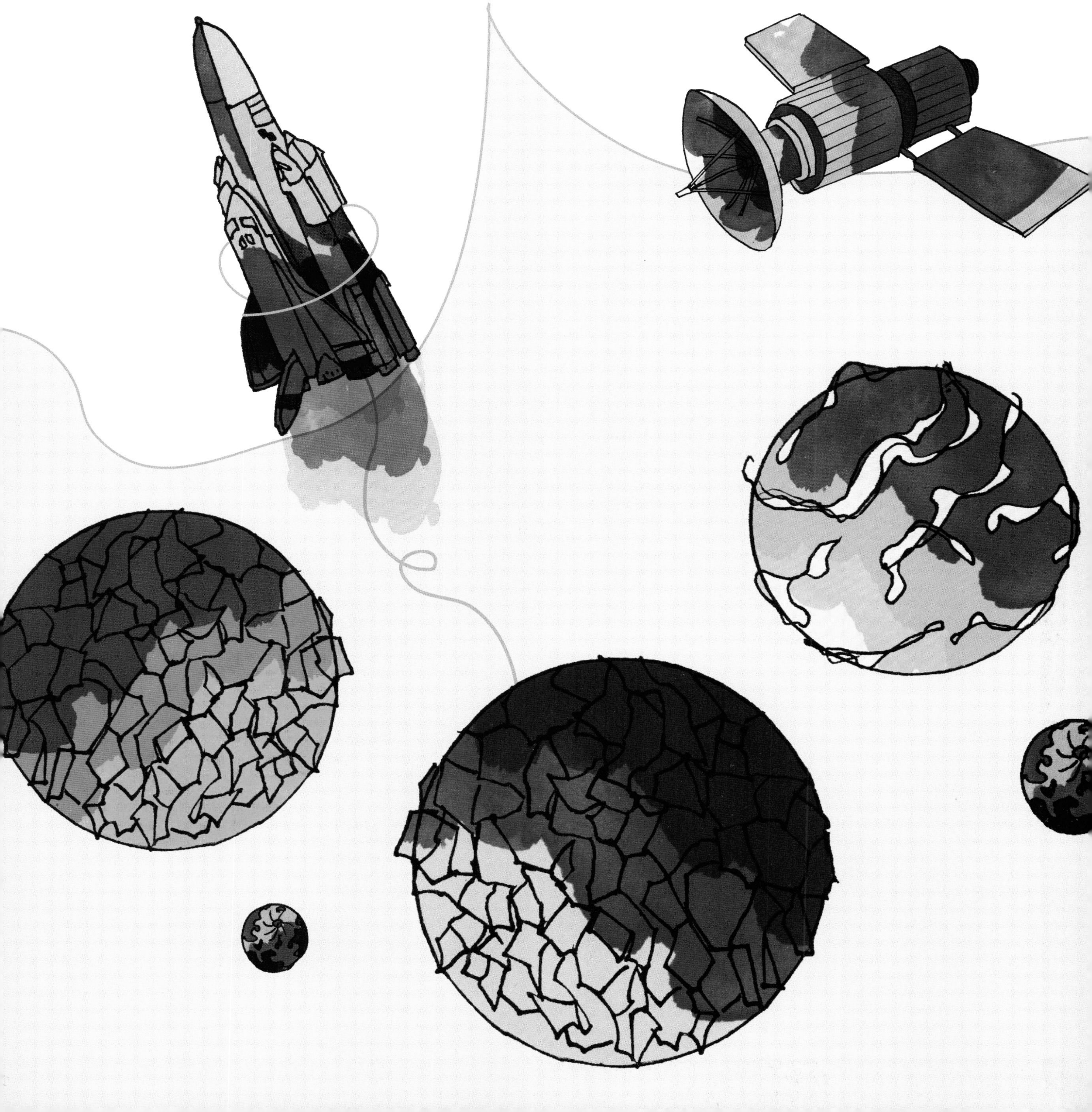

地球

[意]琪娅拉·毕萝笛/ 著

[意]费德丽卡·法佳潘妮/ 绘

何碧寒/译

江西美术出版社

全国百佳出版单位

地球

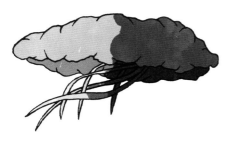

目 录

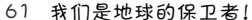

前言

我来啦!

大家好! 我叫本杰明·慢, 朋友们都亲切地叫我小本。

我是一个缓步动物, 爱环游世界, 爱探险, 爱探索地球秘密。

你知道什么是缓步动物吗?

我不是奇怪的钟表, 也不是专门测量迟到的计时器, 老实说, 快跑确实不是我的长项……

我是一种稀有的无脊椎动物, 准确来说就是缓步动物, 我是动物界的超级大英雄, 因为我可以在任何环境中生存, 就连最极端的环境也不在话下!

比如说, 我可以跳进滚烫的开水中、躲进冰柜里、在纯酒精中游泳、十年不喝水、甚至可以在太空中遨游, 不管怎么样我都能够活下来哦!

你要是从来没见过我, 我一点儿也不奇怪。我的个头很小, 差不多跟一粒沙一般大, 别看我这么小, 我几乎可以自称天下无敌哟!

好奇心、毅力和极好的适应力是我的三大优点, 这些优点帮助我成为一名完美的探险家。

地球是个奇妙的地方, 它一直吸引人们去研究、去探索, 激起人们对知识无限的渴求。

我决定跟随人们的步伐, 去探索我们星球的秘密。

你有勇气跟我一起去看看吗?

好啦: 3、2、1……出发喽!

我可以承受的
最低温度和最高温度

−272℃ 　　　　　　　　　　　　　 150℃

平均体长
0.5毫米

1 150种

已发现的物种数

准备动身之前……

我要告诉你，这本书讲述了一个稀奇古怪又原汁原味的故事，它向你介绍我们赖以生存的世界。

在学校里，老师或者课本上可能会用别的方式来描述我们的星球，有些描述很有趣也引人入胜；有些呢，恐怕就有点啰唆，还有好多生僻的科学术语，堆在一起令人费解。

而本书，你只要看一眼，就能明白复杂的数据。

数字都变成了图形、点和线，用直观的图案来解释数量、大小和复杂的概念；

文章都变得短小、简单，甚至有点调皮，还配有可爱的图画……你会喜欢吗？

这些图像信息——一种新颖独特的沟通技巧，使发现和探索地球变得不再困难、枯燥。

借助图像信息，我们可以用图像来解释抽象的概念。

数据被转换为可视的图表，并附上彩色的图像，帮助人们理解。
各种特殊的符号，比如：几何图形、增长曲线、彩色线圈等等，生动地表现抽象的信息。

这样的话，打个比方，想知道猎豹和游隼谁的速度更快，只需看一看它们身边扇形线的大小就能明白。或者，想知道阿拉伯沙漠跟卡拉哈里沙漠哪一个面积更大，看一眼它们各自的粉色球的大小就清楚了。

跟文字比起来，图像更容易印刻在我们的脑海里。因此探索地球变得如此快捷、直观，我们的新发现也容易被记住。

通过本书一个个章节，我们将了解地球是如何构成的，它有哪些特点，它有哪些奇怪的居民，有哪些不同的环境与气候，哪些是人类关心而动物不太在意的地方。

我们首先去太空转一圈，看看我们的星球在宇宙中所处的位置：太阳系。

我们将从外太空俯视地球，这样便能观测到地球和月球之间的距离、地球的大小以及地球大气层的厚度。

在回到地球的路上，我们会穿过大气层，这时我们就会一起探讨某些气候现象的速度：是冰雹更快还是龙卷风更快？

着陆后，我们一同去探索生活在地球上千奇百怪、不计其数的动物，这还不包括那些未被发现的种类哦！

接下来是地球上的自然环境特征，比如，高山是如何形成的，深海里都有些什么。

我们还会去世界上最大的森林探险，在植物、动物间穿梭，我们也会去一些无人区，看看草原、荒原、大沙漠和冰原里都住着哪些小生命。

简单地看看那些特殊符号，我们就能知道大自然母亲创造出的真正的大纪录：最高的山峰、最大的火山、最长的河流和最深的湖泊。

最后，我将向你展示动物界的其他超级英雄，它们是跳高冠军、跑步冠军和举重冠军。

这是我们此次地球之旅的行程安排，不过我们也可以把它彻底打乱，你可以根据自己的喜好安排阅读的先后顺序。

让你的好奇心引领你去畅游世界吧！

如何阅读图形符号

第一章 太阳系里的星球

 轨道运行速度

 体积

〜 一天的长度

・・・ 卫星个数

◎ 平均气温（零度以上）

◎ 平均气温（零度以下）

第二章 地球

⬭ 公转周期

⬭ 自转周期

├──┤ 半径

● 质量

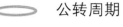 轨道运行速度

〈 每层最高温度

▮ 每层厚度

● 每层体积占地球总体积的百分比

第三章 大气层

▮ 高度

〜 平均气温（零度以上）

〜 平均气温（零度以下）

〜 平均速度

● 已知最大规模

第四章 动物界

● 预估尚未发现的物种数

○ 已发现的物种数

▮ 该类别中动物的最大体型

第五章 山脉

▮ 高度

第六章 海洋

● 所占体积

〜 海洋层深度

◆ 压力

〜 最高温度

〜 最低温度

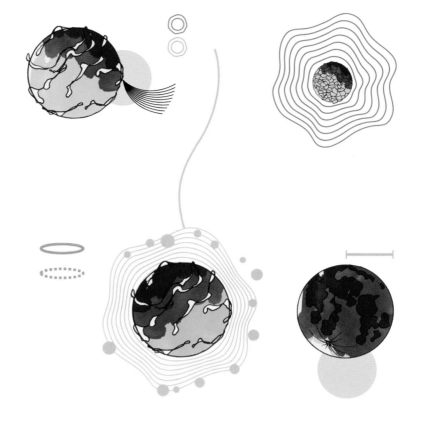

第七章　河流与湖泊

淡水总量

陆地

单个陆地中的淡水百分比

最大深度

第八章　森林

最低气温和最高气温

最小降水量和最大降水量

植物的平均高度

森林面积

已发现动物种类的数量

第九章　草原

最低气温和最高气温

最小降水量和最大降水量

植物的平均高度

已发现动物种类的数量

第十章　沙漠与石漠

最低气温和最高气温

最小降水量和最大降水量

植物的平均高度

荒漠面积

第十一章　冰原

最低气温和最高气温

最小降水量和最大降水量

面积

冰川面积变化的百分比

冰川厚度

第十二章　自然界大记录

高度

河流长度

水流量

面积

深度

速度

可举起的重量

可到达的高度

世界地图

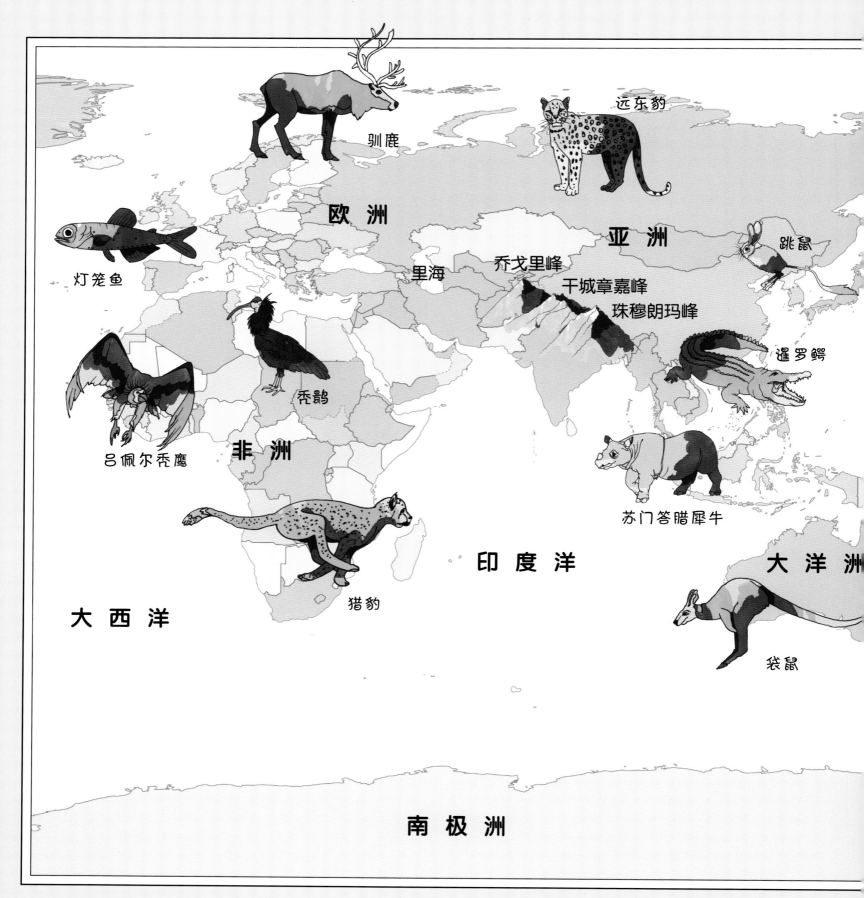

驯鹿

远东豹

欧 洲

亚 洲

跳鼠

灯笼鱼

里海

乔戈里峰

干城章嘉峰

珠穆朗玛峰

暹罗鳄

秃鹳

吕佩尔秃鹰

非 洲

苏门答腊犀牛

猎豹

印 度 洋

大 洋 洲

大 西 洋

袋鼠

南 极 洲

审图号：GS(2016)1663号

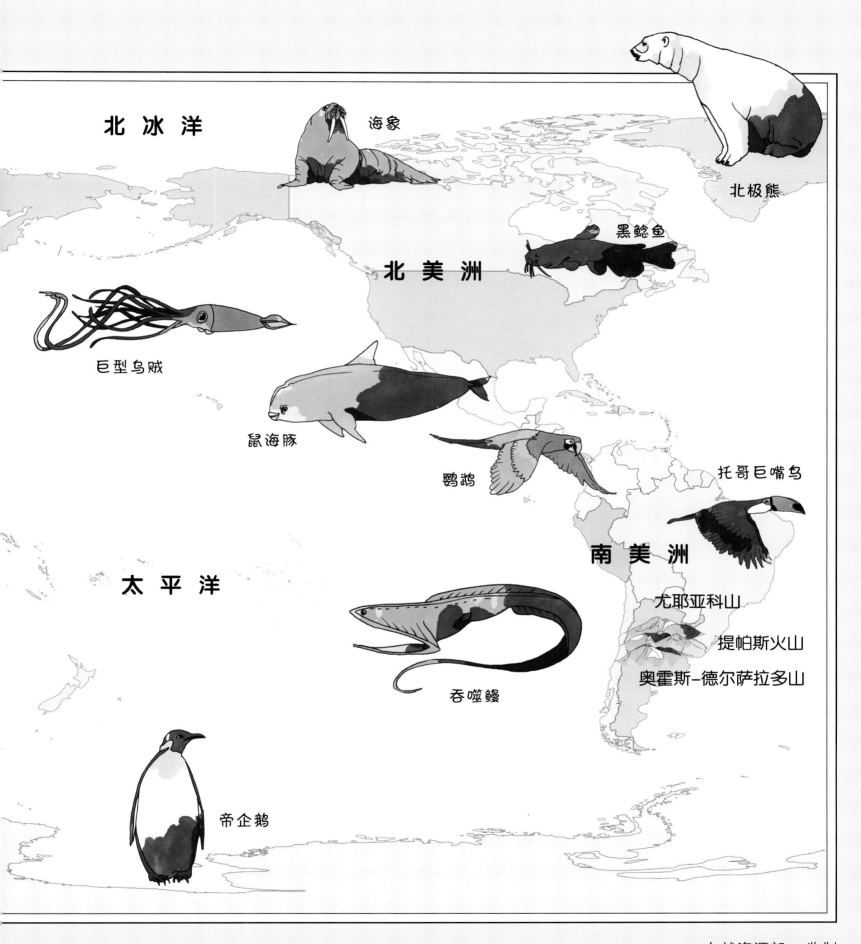

北 冰 洋

海象

北极熊

北 美 洲

黑鲶鱼

巨型乌贼

鼠海豚

鹦鹉

托哥巨嘴鸟

南 美 洲

太 平 洋

尤耶亚科山

提帕斯火山

吞噬鳗

奥霍斯-德尔萨拉多山

帝企鹅

第一章

太阳系里的星球

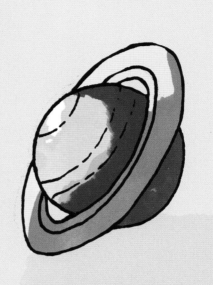

你可曾仰望夜空，看着布满闪烁繁星的夜幕，心里不由地想道：谁知道那上面正在发生些什么事情呢？

在我们头顶上几百、几千、几万光年的地方，恒星和行星在太空中蹦蹦跳跳、翻着跟头，好不开心。

其中有一颗恒星叫作太阳。它的引力很大，可以让它周围的天体沿着固定轨道围绕它运行，太阳和这些天体一同组成了太阳系，地球就是这个大家庭中的一员。

太阳系是一个巨大的不规则恒星系统，直径大约是80个天文单位，一个天文单位大约为1.5亿千米！

太阳系中，除了行星和它们自带的卫星以外，还有一些小天体如小行星、尘埃、气体和粒子，它们共同组成了星际物质。

1961年4月12日勇敢的苏联宇航员尤里·加加林完成了"东方一号"计划，这也是人类第一次踏入太空，足以让全世界人民都屏住呼吸。

是他第一次告诉大家，从高空看到的地球是蓝色的！

体积

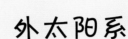

轨道运行速度
（行星按轨道围绕
太阳公转的速度）

太阳系里的星球

地球属于一个叫作**太阳系**的星系。

外太阳系

木星

13.3千米/秒

6.8千米/秒

天王星

土星

9.7千米/秒

海王星

5.4千米/秒

太阳系是由这些天文物体组成的，它们围绕
太阳公转。

所谓的天文物体，是指<u>卫星</u>、<u>小行星</u>、
<u>彗星</u>、<u>流星</u>和<u>行星</u>，在太阳引力的作用
下，都沿着各自的轨道运行。

内太阳系①

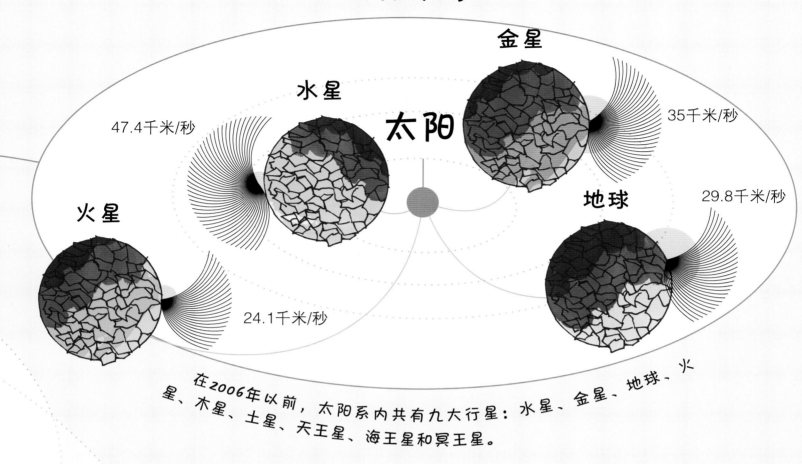

金星
35千米/秒

水星

太阳

47.4千米/秒

29.8千米/秒

火星

地球

24.1千米/秒

在2006年以前，太阳系内共有九大行星：水星、金星、地球、火星、木星、土星、天王星、海王星和冥王星。

冥王星

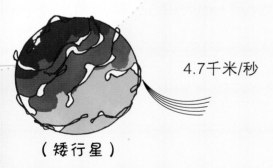

4.7千米/秒

（矮行星）

八大行星
分为两大类

岩质行星

气态行星

但是，2006年国际天文联合会将冥王星逐出行星行列，编入矮行星行列！从那以后，太阳系的九大行星正式变为八大行星。

离太阳越远的星球，公转运行得越慢！比如说离太阳最远的冥王星比离太阳最近的水星公转运行速度慢十倍。

注①：为了更清楚表现各星球的体积和运行速度，故放大太阳周围。

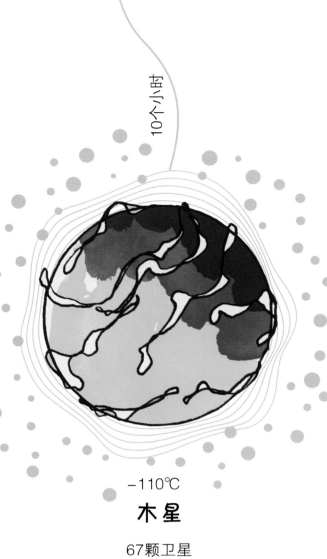

10个小时

−110℃

木星

67颗卫星

11个小时

−140℃

土星

62颗卫星

−195℃

天王星

27颗卫星

水星、金星、地球、火星是岩质行星，它们主要由岩石和金属构成，这些行星属于**内太阳系**。

木星、土星、天王星、海王星是气态巨行星，它们主要由液化气体构成，这些行星属于**外太阳系**。

如何读懂这些符号

一天的长度

卫星个数

平均气温（零度以上）

平均气温（零度以下）

我们用肉眼就能观测到金星、水星、火星、木星和土星，而天王星、海王星、冥王星则只有通过**天文望远镜**才能观测得到。

17个小时

16个小时

24个小时

2 802个小时

4 223个小时

25个小时

153个小时

−200℃
海王星
14颗卫星

15℃
地球
1颗卫星

−65℃
火星
2颗卫星

太阳系的半径超过六十亿千米。这段长度相当于坐飞机从米兰到纽约往返大约一百万次！

464℃
金星
0颗卫星

−225℃
冥王星
5颗卫星

167℃
水星
0颗卫星

第二章

地球

现在我们来到大家最熟悉，也是被人类研究得最细致入微的星球：**地球**。

地球是太阳系中距离太阳第三近的行星，也是岩质行星里个头最大、唯一已知有人类居住的星球。地球可有一把年纪了：大约46亿年前它便诞生了！

我们赖以生存的地球是**一颗非凡的星球**，似乎有一位严谨的工程师为它精心设计了神奇的构造，以便孕育世界上最珍贵的宝物：**生命!**

如何读懂这些符号

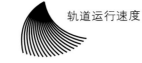

⬭ 公转周期

⬯ 自转周期

 轨道运行速度

⬤ 质量

⬤ 每层体积占地球总体积的百分比

⊢—⊣ 半径

} 每层最高温度

| 每层厚度

地球和月球

公转周期

月球围绕地球公转一周的时间为27.3天。

地球围绕太阳公转一周的时间为365天。

⬭ 365天

自转周期

地球绕地轴自转一周需要24个小时，所以他的自转周期为24小时。

⬭ 24小时

月球自转一周则需要27.3天。

地球　半径：6 371千米

5.9 × 10²⁴千克

29.8千米/秒

地球面向太阳的一面是**白天**，背着太阳的一面是**黑夜**。

因此，当欧洲是**白天**的时候，大洋洲就是**黑夜**。

⬭ 27.3天

⬯ 27.3天

月球

半径：1 737千米

0.07×10²⁴千克

1.02千米/秒

距离 384 000千米

月球是我们用肉眼最容易观察到的星球！它的特殊之处在于它总以同一面朝向地球。

这是因为月亮的自转周期和围绕地球的公转周期都是27.3天。

请你们把地球想象成一颗桃子，外层的桃子皮叫作地壳。

地球不仅仅是我们脚下的这块土地，它的内部由好几层组成。

桃皮下面是"桃肉"，它叫地幔（分成两层，里一层，外一层）。

"桃核"是地核，也由外核、内核两层组成。

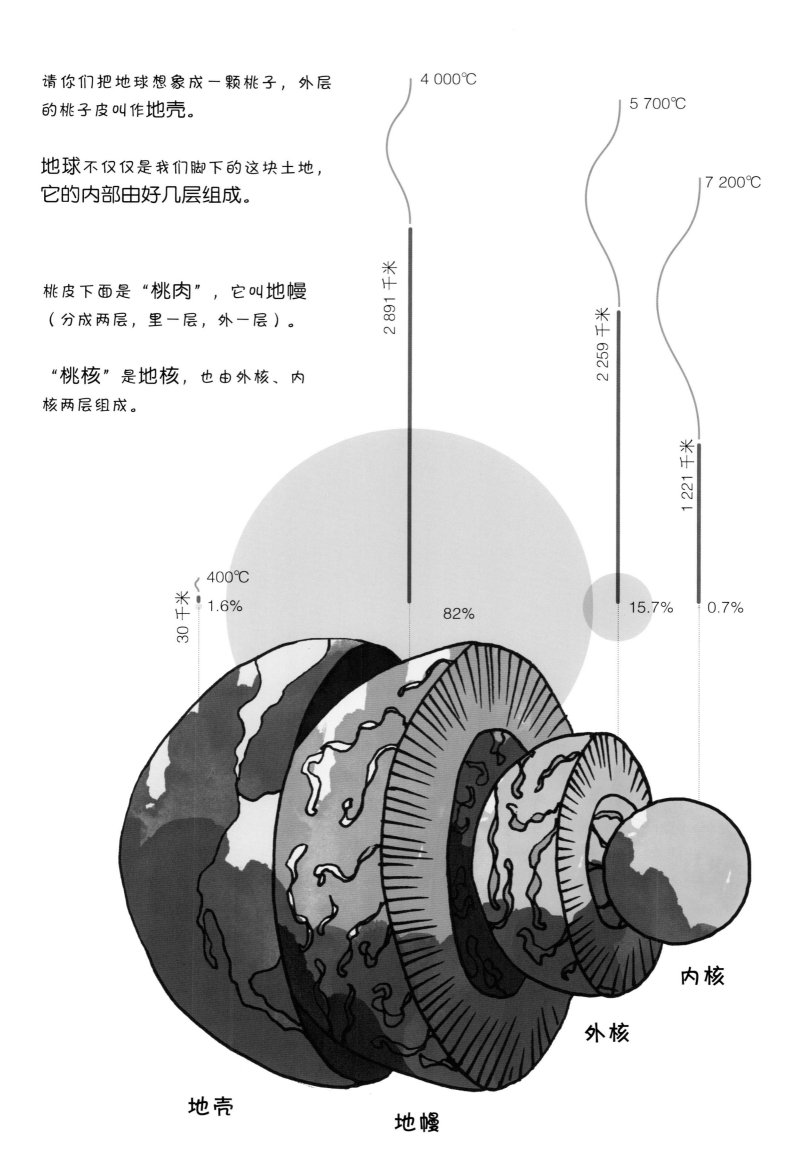

4 000℃

5 700℃

7 200℃

2 891 千米

2 259 千米

1 221 千米

400℃

30 千米

1.6%

82%

15.7%

0.7%

地壳

地幔

外核

内核

第三章

大气层

地球上有生命并不是偶然现象。人们已经证实，在我们的星球上存在孕育生命的特殊条件，其中最重要的就是因为有**大气层**。

这一层薄薄的混合气体（水蒸气、氧气、二氧化碳等）包裹着地球，厚度约有1 000千米。大气层的结构很复杂，由好几个不同的"层"组成。

大气层的最下层从地表至上空大约12千米处，是最浓的一层；天气现象都出现在这一层，这里有我们每天呼吸的空气。

大气层还扮演了一个重要的角色：它像一块**隔板**，可以过滤掉多余的太阳辐射，以保证更多生命的新陈代谢。

正因如此，我们一定要善待大气层！

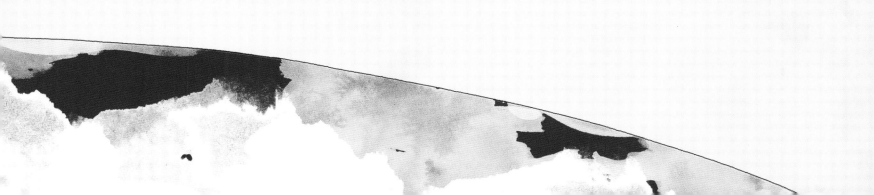

大气层的分层

散逸层

10 000千米

热层

600千米　　　　　　　　　　　　　　　　　　900℃

从离地面118千米开始的地方就被视为太空。这里的空气热极了，甚至可以达到1000℃！

电离层位于散逸层和热层的上方。它的存在为无线电波的传播提供了条件！

美国国家航空航天局的航天飞机在1981年至2011年间多次飞入热层。

在平流层里面有一些探测气球！它们负责收集大气气压、温度和空气湿度的信息。

这里的空气冷极了，甚至达到-90℃！

中间层

85千米　　流星在中间层擦出火花，火焰可以穿透整个大气层。　　　　　-50℃

平流层

50千米　　热气球能够升到20千米的高空！　　　　　　　　-40℃

17℃

对流层

14.5千米　　对流层从地面开始，所有的天气现象均出现在这一层当中。

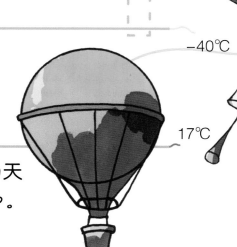

1887年1月28日，人们在美国蒙大拿州的雪山上发现了直径为40厘米的大雪花。

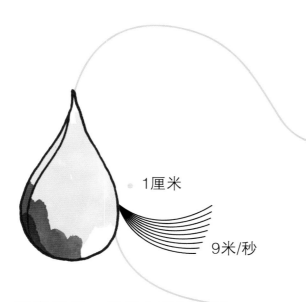

雪

40厘米

2米/秒

1厘米

9米/秒

雨

雨滴越小，速度越慢，但是在下落的过程中，它们将完好无损。而大于平均体积的雨滴在下落过程中通常会支离破碎。

冰雹

降水

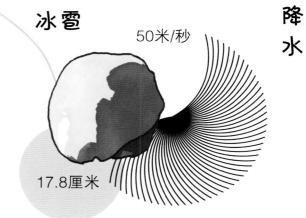

50米/秒

17.8厘米

14米/秒

强风

空气流动

根据不同的速度和形状，空气流动的名称也不同。

龙卷风

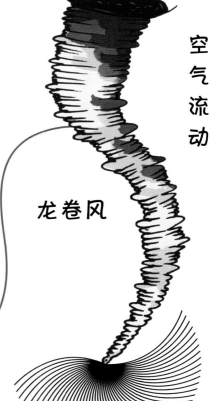

25米/秒

暴风雨

50米/秒

第四章
动物界

地球是一个王国，里面的居民从形状、大小到才能都千差万别。

它们有的只有几毫米长，有的跟一辆车一样大，甚至有的像一栋楼房那么高。它们有的身披浓密的皮毛，有的身穿色彩鲜艳的羽毛，还有的浑身长满鳞片。它们有的速度堪比火车，有的能潜入海洋最深处，有的能展翅翱翔在云端。它们有的是优雅的典范，可有的却让人毛骨悚然！它们有的白天睡觉夜晚出没。它们住在遥远之地，但有时候也住在寻常之处，比如我们的公寓。很多时候，它们偏爱群居，但总免不了有些脾气古怪、不合群的家伙。它们有的有固定的**习惯**和严谨的**行为**，常常让人类钦佩赞赏。

它们希望依照它们的生存法则去生活，但往往并不容易，它们必须时刻保持警惕，保护自己不被捕食者消灭。它们一生都在为**生存**而斗争。它们有的只能活几天，有的能活几个世纪，极少数的似乎可以**永生**。

动物界是一个魅力十足、五彩缤纷、稀奇古怪的世界，等着我们去探索！

如何读懂
这些符号

该类别中动物的最大体型

预估尚未发现
的物种数！

已发现的物种数

动物的种类

动物们组成了一个广阔无边的王国，里面有许许多多的物种，每个物种都有自己的特征。

33米

哺乳动物

18米

鱼类动物

45 000种

32 400种

5 613种

5 501种

鸟类动物

2.7米

爬行动物

8.7米

10 483种

10 064种

11 933种

9 547种

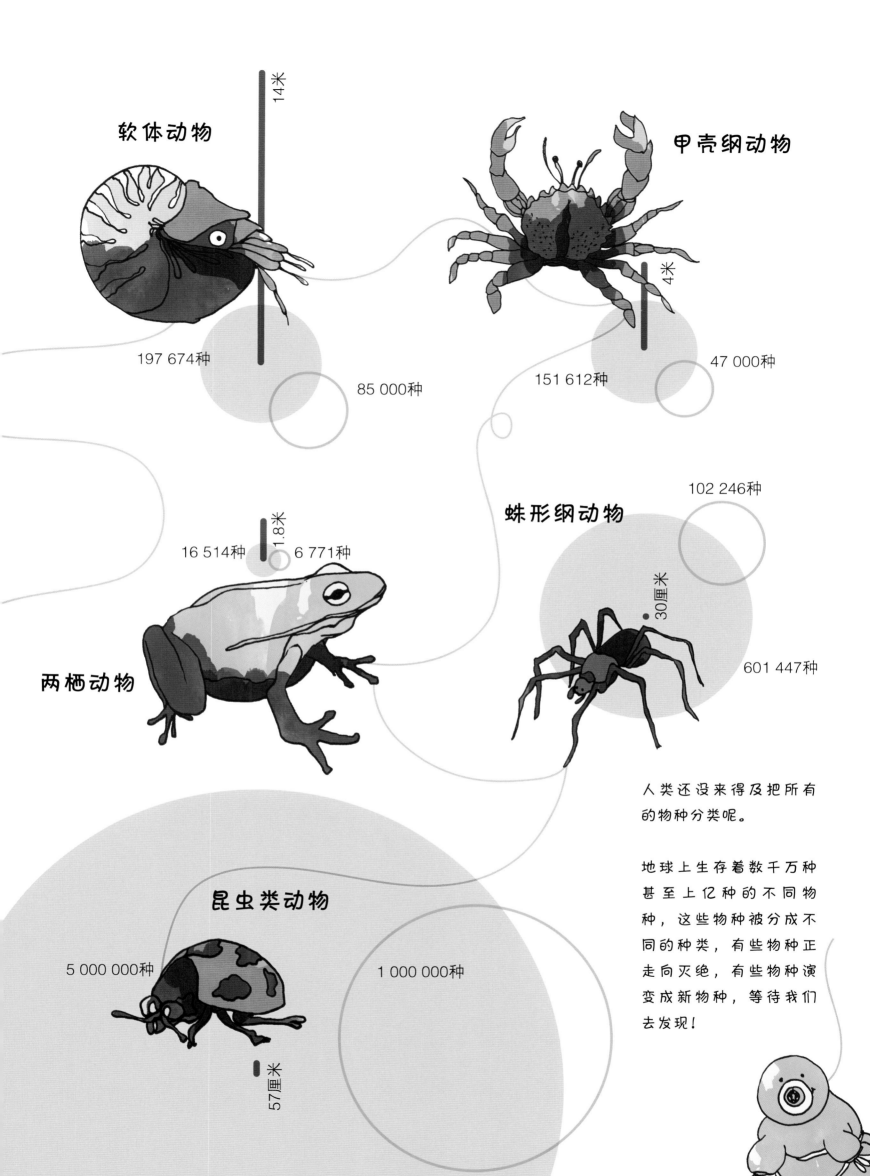

软体动物

14米

197 674种

85 000种

甲壳纲动物

4米

151 612种

47 000种

102 246种

蛛形纲动物

30厘米

601 447种

16 514种 1.8米 6 771种

两栖动物

昆虫类动物

5 000 000种

57厘米

1 000 000种

人类还没来得及把所有的物种分类呢。

地球上生存着数千万种甚至上亿种的不同物种，这些物种被分成不同的种类，有些物种正走向灭绝，有些物种演变成新物种，等待我们去发现！

第五章
山脉

山脉描绘了**大地**的记忆。

它们就像一座千年档案馆，永远保存着地表变化、板块碰撞、火山反复爆发，还有风以及其他天气现象留下的痕迹，就像是严谨认真的工匠，创造出了一个个伟大的杰作。

山脉由泥土和岩石堆积而成，高度至少达300米以上。它们对于地球上的生命一直扮演着重要角色。除了给许多动植物提供居所，它们还是许多国家的天然分界线，是保护国家不受外敌侵犯的自然屏障。

由于高度的原因，它们常常影响一个地区的气象变化：有时它们能阻挡风暴，有时它们会引起降水。

山里的居民多种多样。动物们不但学会了在低温下生存，并且能够适应对它们不利的其他环境。比如，山里住着爬行动物——蝰蛇，这种毒蛇独爱布满石子和荆棘的地方；而山顶上则是大山女皇金雕的家；另外还有住在冰山边缘的白斑翅雪雀；换季换毛的岩雷鸟，岩雷鸟的羽毛冬天是雪白的，夏天则变成岩石般的灰褐色。

山上还住着适应了高海拔的哺乳动物，例如阿尔卑斯山旱獭、雪兔、白鼬、羱羊、臆羚以及毛发极其浓密的牦牛，后面的几种动物因为它们的蹄子，被称为有蹄动物。现在它们已经实实在在地成为了大山的象征！

板块运动

岩石圈是地球的表层，包括地壳和地幔（详见第二章）的上层，由一些所谓的"板块"组成，这些板块一直在缓慢运动，一年大约移动2厘米。

在板块的运动过程中，板块的边缘（也就是最外面的部分）会发生碰撞，相互靠近或分离。

一些重要的地质现象，如大陆和高山的形成，都是板块运动带来的结果。

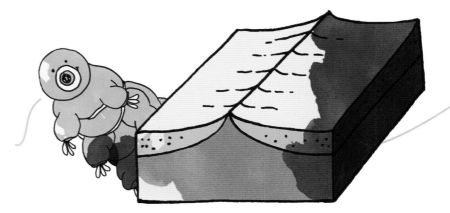

离散型板块边界

板块向背运动，板块边缘相互拉张，形成新的大洋岩石圈。

如何读懂这些符号

高度

山 的 分 类

火山

地表下的岩浆及碎屑从地壳中喷出并堆积而成。

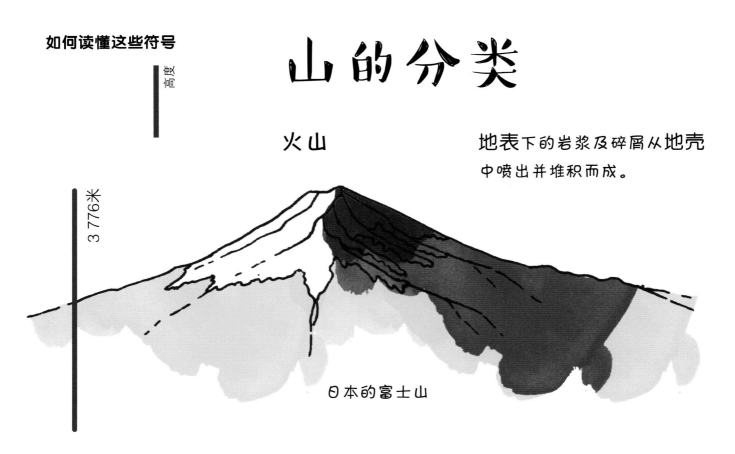

3 776米

日本的富士山

高原

两个大陆板块碰撞后，导致地壳迅速隆起，没有褶皱或裂缝，再经过外力侵蚀作用而形成。

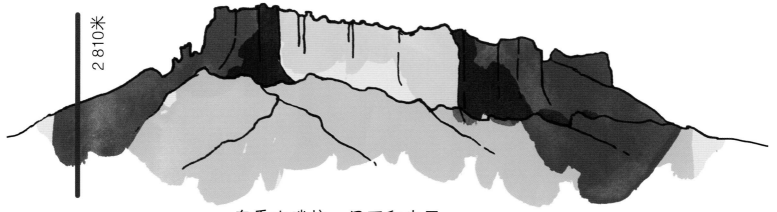

2 810米

在委内瑞拉、巴西和圭亚那三国交界处的罗赖马山

汇聚型板块边界

板块相向运动，板块边缘相互挤压。

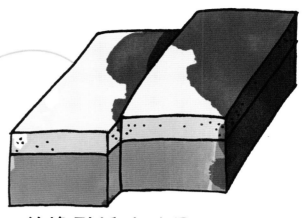

转换型板块边界

板块边缘相互摩擦，而面积没有变化。

圆顶山

1 629米

岩浆将地壳顶起，但在喷发出来前已经冷却凝固，因而在地壳里形成一个大包般的"圆顶"。

美国的阿第伦达克山脉

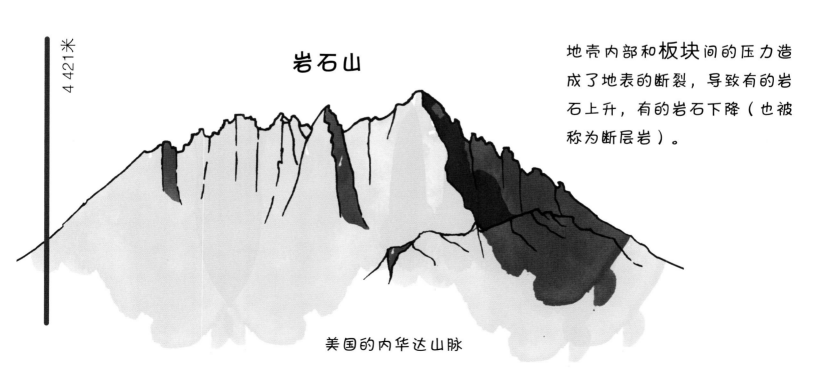

4 421米

岩石山

地壳内部和板块间的压力造成了地表的断裂，导致有的岩石上升，有的岩石下降（也被称为断层岩）。

美国的内华达山脉

第六章

海洋

当宇航员第一次进入太空，从高处观察地球时，发现地球是一颗巨大的天蓝色球体，因此，大家都亲切地称它为"蓝色星球"。

地球之所以看起来是蓝色，是因为70%的地球表面都被广阔无边、魅力无限、力量无穷的海洋所覆盖，海洋占地球上总水域的97%。

地球气候也受到海洋运动和海洋温度的影响，可见海洋是生命链中不可或缺的一环。

海洋有大有小，小到1 500千米宽的大西洋，大到13 000千米宽的太平洋，海洋的平均深度为4千米左右。

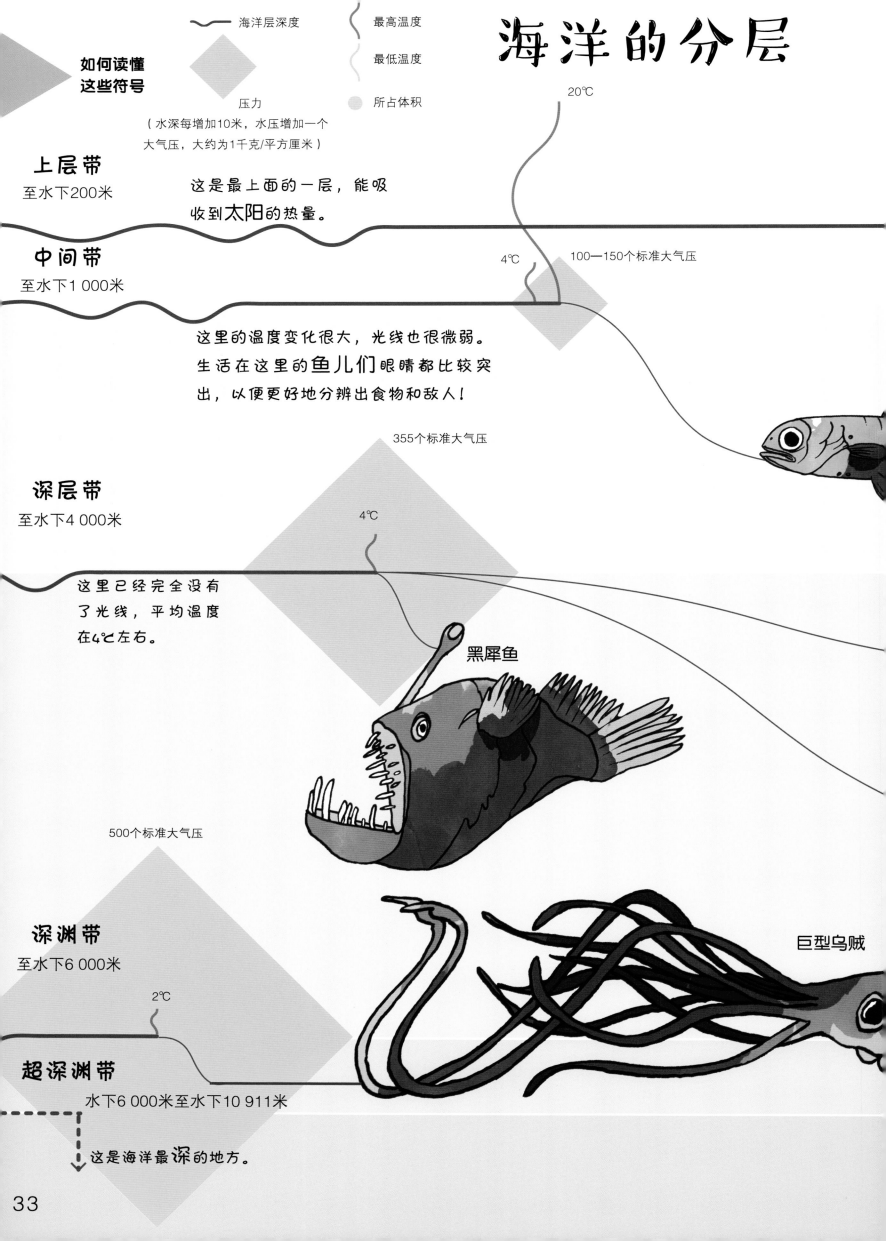

海洋的分层

如何读懂这些符号

～ 海洋层深度

◇ 最高温度
◇ 最低温度

◆ 压力
（水深每增加10米，水压增加一个大气压，大约为1千克/平方厘米）

● 所占体积

上层带
至水下200米

这是最上面的一层，能吸收到太阳的热量。

20℃

中间带
至水下1 000米

4℃

100—150个标准大气压

这里的温度变化很大，光线也很微弱。生活在这里的鱼儿们眼睛都比较突出，以便更好地分辨出食物和敌人！

355个标准大气压

深层带
至水下4 000米

4℃

这里已经完全没有了光线，平均温度在4℃左右。

黑犀鱼

500个标准大气压

深渊带
至水下6 000米

巨型乌贼

2℃

超深渊带
水下6 000米至水下10 911米

这是海洋最深的地方。

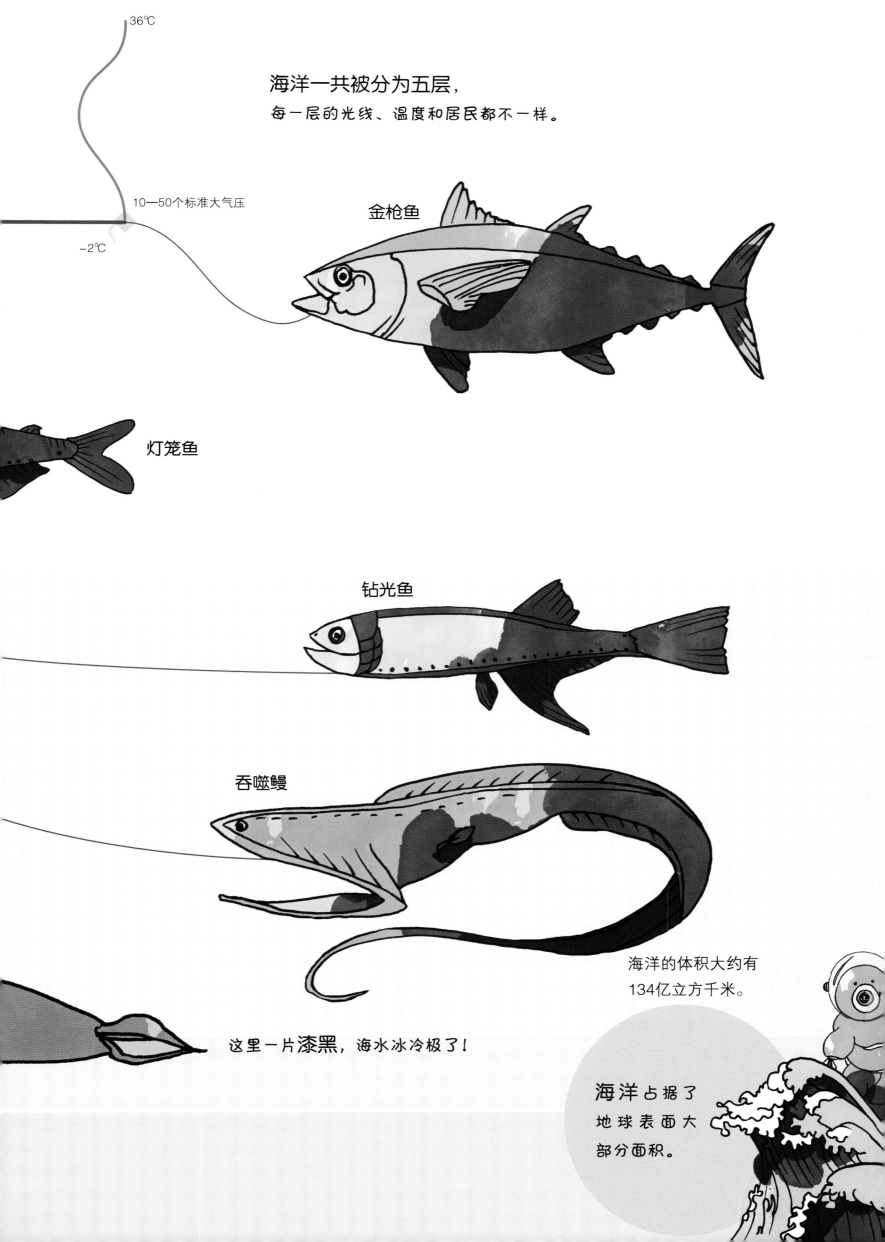

36℃

10—50个标准大气压

-2℃

海洋一共被分为五层，
每一层的光线、温度和居民都不一样。

金枪鱼

灯笼鱼

钻光鱼

吞噬鳗

这里一片漆黑，海水冰冷极了！

海洋的体积大约有
134亿立方千米。

海洋占据了
地球表面大
部分面积。

第七章

河流与湖泊

河流是终年流动的水源，一般来说，它不会枯竭，因为不断有降水、冰川雪水融化以及地下水的补给。通常我们看到的河流都在地面上流淌，其实地下也有许多长长的河流呢！

淡水湖泊是一块块下沉的盆地，里面蓄积了陆地水，也就是我们说的淡水。淡水在陆地表面流淌，不来自海洋。一般来说，有一条或几条河流流入湖泊给其提供水源。同样的，也有一条或几条河流从湖泊流出，靠着湖泊给其补充水源。

不过，地球上大部分的淡水既不来自湖泊也不来自河流，而是来自两极的冰川融水。按照所占淡水比例，冰川水排第一，紧接着是地下水，然后是淡水湖水，最后才是河流水（1 250立方千米）。

淡水

淡水之所以称为淡水，是因为它的含盐量很低。河流、小溪、湖泊和地下水只占地球总水量的3%。

地下水

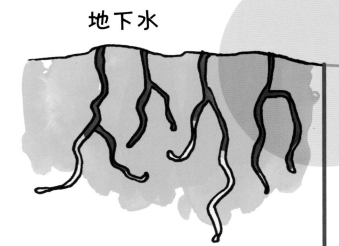

8 454 000立方千米

如何读懂这些符号

	最大深度
	淡水总量
	陆地
	单个陆地中的淡水百分比

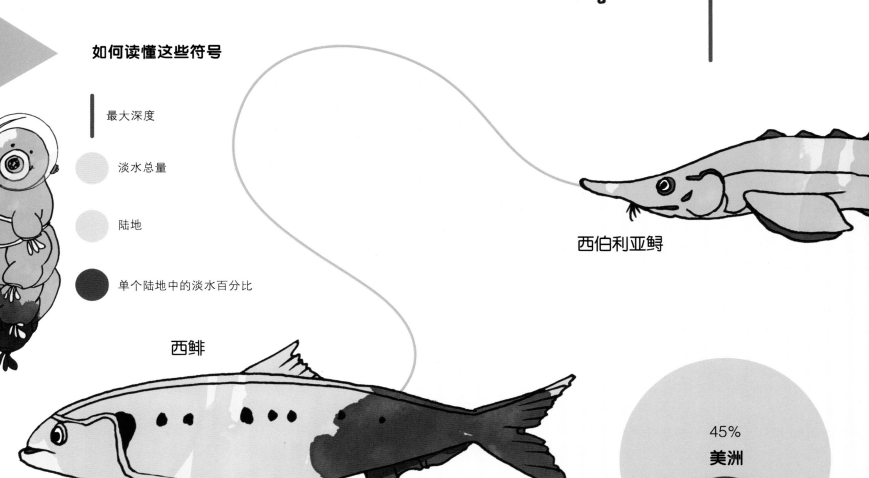

西伯利亚鲟

西鲱

45%
美洲

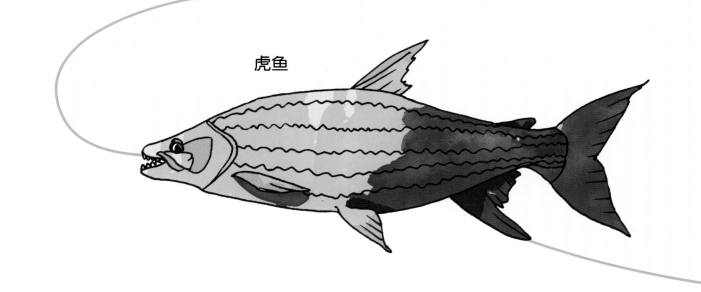

虎鱼

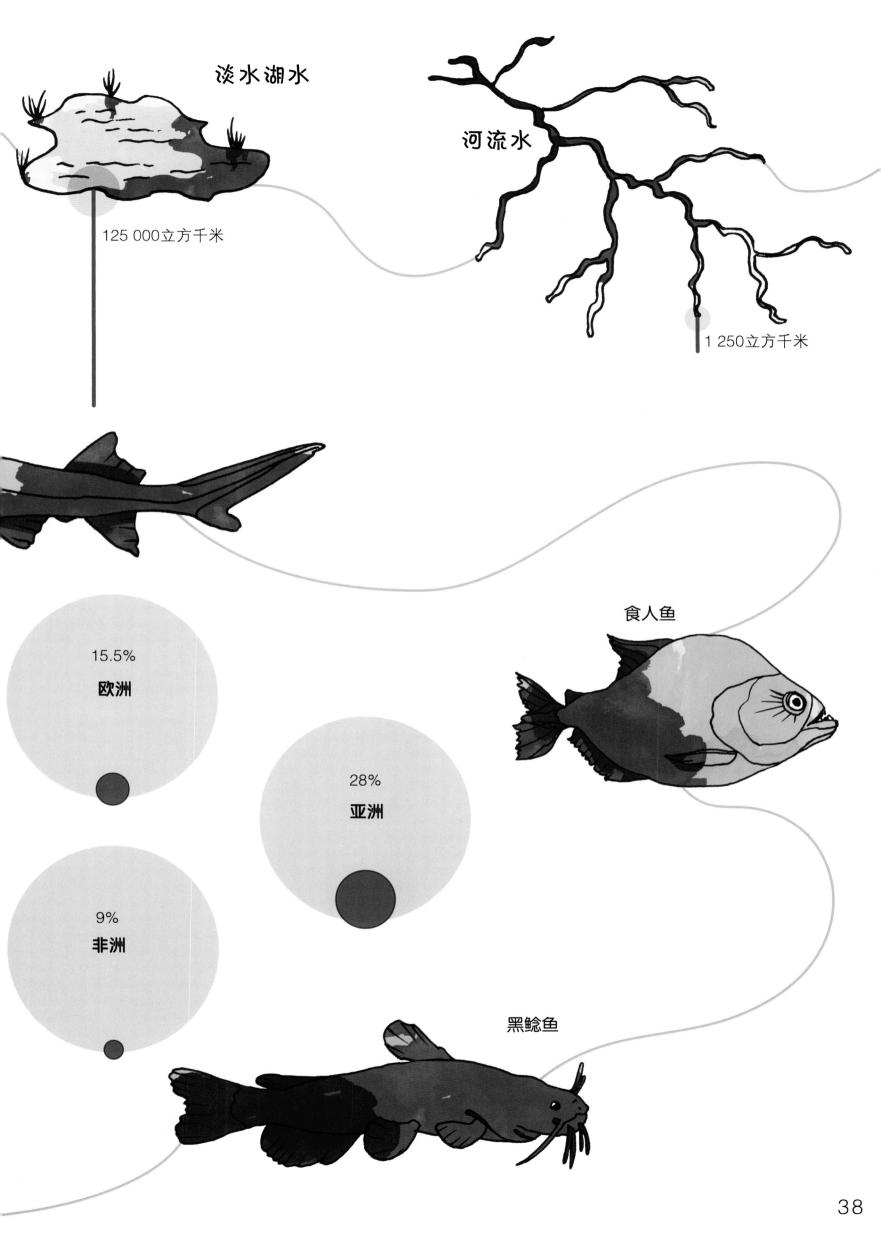

淡水湖水

河流水

125 000立方千米

1 250立方千米

15.5%
欧洲

28%
亚洲

9%
非洲

食人鱼

黑鲶鱼

第八章

森林

真正的探险家总会走进森林：那里有参天的大树、硕大的枝叶、五彩缤纷的动物、叫不出名字的昆虫、多种多样的香料，还有香气扑鼻的水果，它们共同组成了一个童话般的世界。

陆地上22%的土地都被**森林**覆盖，其中**针叶林**（由松树、云杉、落叶松、雪松、南洋杉、铁杉、柏树、红杉等组成）占35%以上；**温带阔叶林**（由橡树、山毛榉、枫树、杨树、白桦树、桤木、栗树、柳树、橄榄树等组成）占15%；**热带阔叶林**占大约50%。

森林是**地球**宝贵的财富，是保证生命存在的**基础**：它能够增加土壤的保水能力，同时保护土壤不受暴雨侵蚀；它可以改变风力；还能通过光合作用制造氧气，就是因为植物的光合作用，森林可以大量地吸收大气中的二氧化碳，以减轻温室效应。

好好保护这件珍贵的宝物——森林，这对地球上的生命至关重要！

森林和它的居民

如何读懂这些符号

最低气温和最高气温

最小降水量和最大降水量

植物的平均高度

已发现动物种类的数量

森林面积

根据**森林**里生长的植物，我们可以把森林**分成几类**。

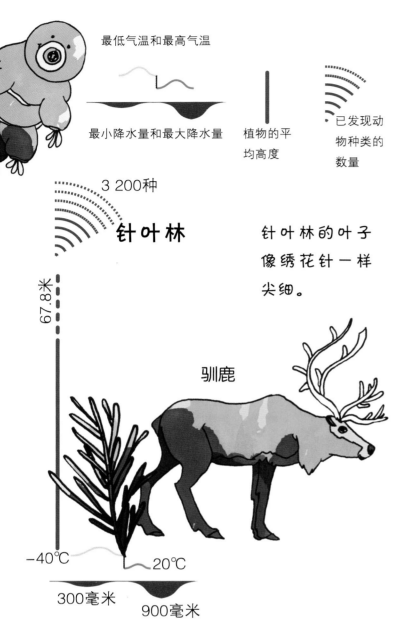

3 200种

针叶林

针叶林的叶子像绣花针一样尖细。

67.8米

驯鹿

−40℃   20℃

300毫米   900毫米

落叶林

落叶林的树木到了秋天会纷纷落叶。

4 400种

24米

白头海雕

−30℃   30℃

750毫米   1 500毫米

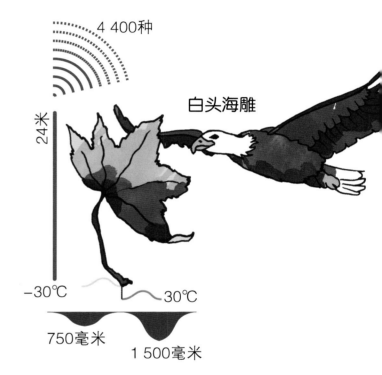

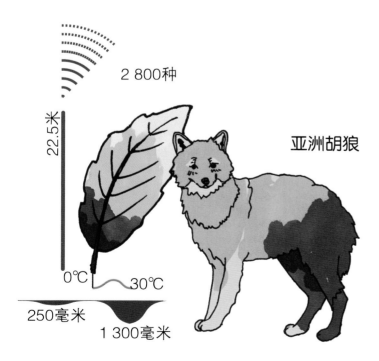

2 800种

22.5米

亚洲胡狼

0℃   30℃

250毫米   1 300毫米

硬叶林

硬叶林都是低矮的树木和灌木，它们的叶子又硬又厚。

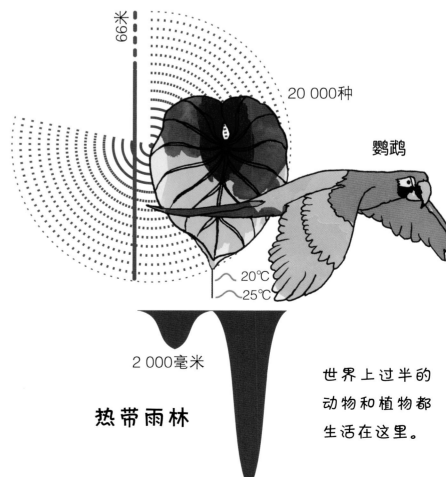

66米

20 000种

鹦鹉

20℃
25℃

2 000毫米

热带雨林

10 000毫米

世界上过半的动物和植物都生活在这里。

地球上最大的五座森林

1 北方针叶林
加拿大、欧洲、亚洲北部

40米

12 000 000平方千米

东北虎

欧洲赤松

2 亚马孙雨林
南美亚马孙平原

30米

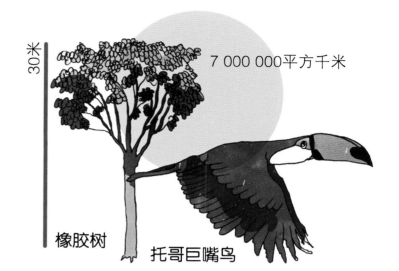

7 000 000平方千米

橡胶树

托哥巨嘴鸟

3 刚果盆地
刚果

2 023 428平方千米

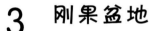

12米

可乐果

西部大猩猩

4 瓦尔迪维亚温带雨林
智利

35米

248 100平方千米

火冠蜂鸟

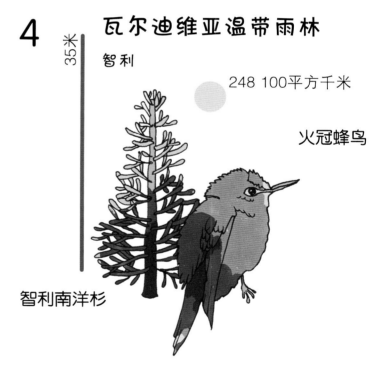

智利南洋杉

5 通加斯国家森林
美国

35米

69 000平方千米

美洲黑熊

西部红杉

42

第九章

草原

草原是一片一望无际的草地，它的居民既有凶猛的食肉捕食者，也有温顺的食草动物，还有可怕的爬行动物，所有的居民都完美地伪装在所处的环境里。

这里通常生长着草本植物，高度从20厘米到2米不等，它们的根扎在土壤里，最深可达1.8米。乔本科植物的根深深地扎进土壤，可以保证它们在长时间缺水的环境中生存，乔本科植物也是草原最常见的植物。热带草原的特产则是橡胶树，它们的树荫下常常躲着一只猎豹或者狮子一家。

除了南极洲，草原在陆地上占据了很大的面积。

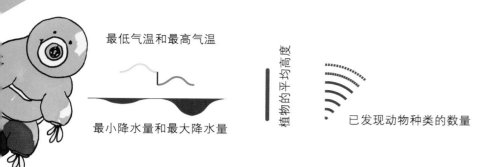

最低气温和最高气温

最小降水量和最大降水量

植物的平均高度

已发现动物种类的数量

草原和它的居民

由于气候的影响，世界上存在着几种不同的草原，因此草原上的植物种类大相径庭。

热带草原 由广阔的草地和稀疏的树木组成的。

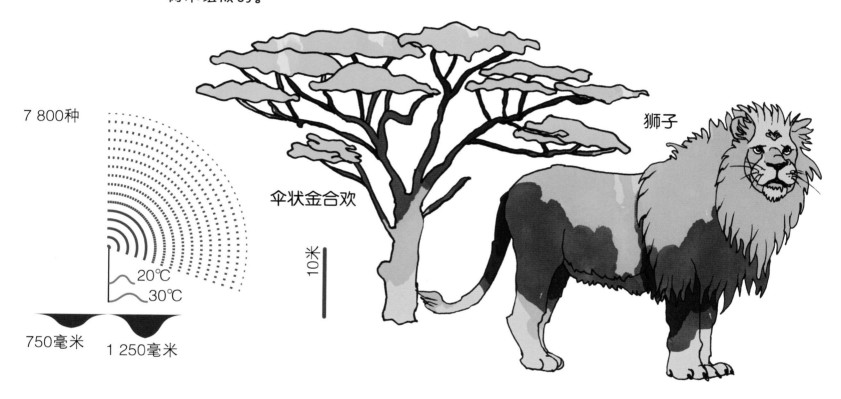

7 800种

20℃
30℃

750毫米　1 250毫米

伞状金合欢

10米

狮子

干草原 基本上是由禾本科植物与灌木组成的！

5 800种

−40℃
40℃

250毫米　500毫米

20厘米

茅香

美洲野牛

温带草原

3 300种

−40℃　　　38℃

500毫米　900毫米

根据所长草类不同可以进行细分！它们可以分成：北美草原、澳洲内陆大草原、非洲草原和南美大草原。

格兰马草

赤狐

北美草原

20厘米

澳洲内陆大草原

50米

桉树　　袋鼠

猴面包树

非洲草原

15米

猎豹

南美大草原

15米

仙人掌　　原驼

第十章

沙漠与石漠

荒漠真是一个考验生命力的地方：干燥的气候、极少的降水、土壤里渗透着盐分，想要挑战这些困难，真是比登天还难呐！

当一个地区年降水量少于250毫米时，我们就可以称它为荒漠，要知道我们城市里的降水至少是荒漠里的四倍！根据这个定义，荒漠不仅仅是我们所熟悉的（黄沙漫天的）沙漠和（怪石嶙峋的）石漠，它还包括南极或北极地区的冰天雪地。

在这些不适宜居住的环境里，植物一般很难生长。但是伟大的自然母亲创造了极妙的方法，使得一些动物和植物能够在如此恶劣的生存条件下适应并生活！

最低气温和最高气温

最小降水量和最大降水量

植物的平均高度

荒漠面积

世界上最大的五座荒漠

1 撒哈拉沙漠

20℃
40℃

100毫米   250毫米

这是世界上最大的
沙漠。这里的沙丘
最高可达180米高!

8 600 000平方千米

海枣

20米

骆驼

2 阿拉伯沙漠

15℃
50℃

35毫米   100毫米

这座大沙漠有很大一
部分尚未被人类所勘
探,这片神秘的沙地
叫作鲁卜哈利。

1 300 000平方千米

可达60厘米高

阿拉伯单刺蓬

阿拉伯大羚羊

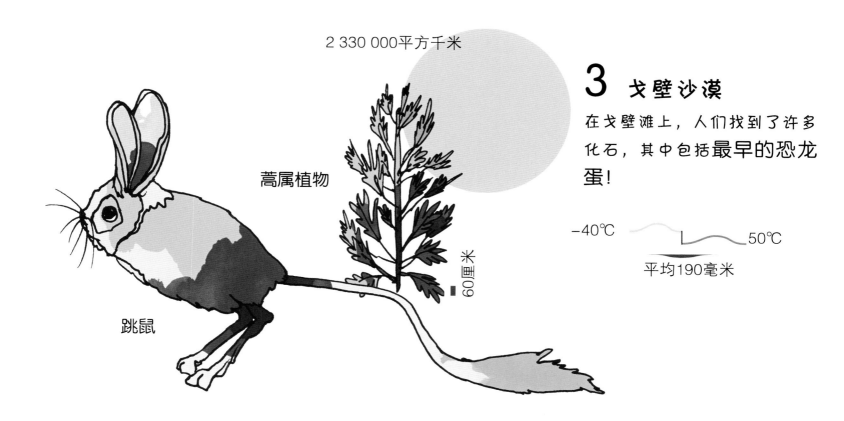

2 330 000平方千米

蒿属植物

60厘米

跳鼠

3 戈壁沙漠

在戈壁滩上，人们找到了许多化石，其中包括**最早的恐龙蛋**！

−40℃ 50℃

平均190毫米

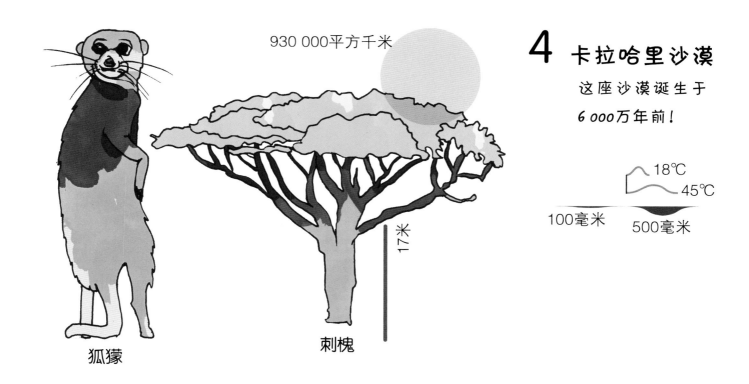

930 000平方千米

17米

狐獴

刺槐

4 卡拉哈里沙漠

这座沙漠诞生于**6 000万年前**！

18℃
45℃

100毫米 500毫米

5 巴塔哥尼亚沙漠

这是美洲大陆内部最大的沙漠。

美洲狮

673 000平方千米

葫芦巴

3℃
12℃

平均1 250毫米

70厘米

第十一章

冰原

北极和南极是地球的两个极端，它们被两块巨大的极地荒漠所包围：北极地区和南极地区。

这两座冰冷的荒原，被冰雪永久地覆盖，极少有降水（年降水量少于50毫米），强风和暴风雪每天都向生活在那里的居民们发出残酷的挑战。这里的植物只有地衣、苔藓和藻类，而海豹、企鹅、北极熊、一些鱼类和鸟类是唯一能够适应这种恶劣气候的动物。

北极地区包括一些大陆地区（欧洲、亚洲、美洲）以及一部分北冰洋。

南极地区则是一块独立的大陆，是世界上最冷、最不宜居的地方。1983年7月21日，人们就是在这里记下了最低气温的世界纪录：-89.2℃！

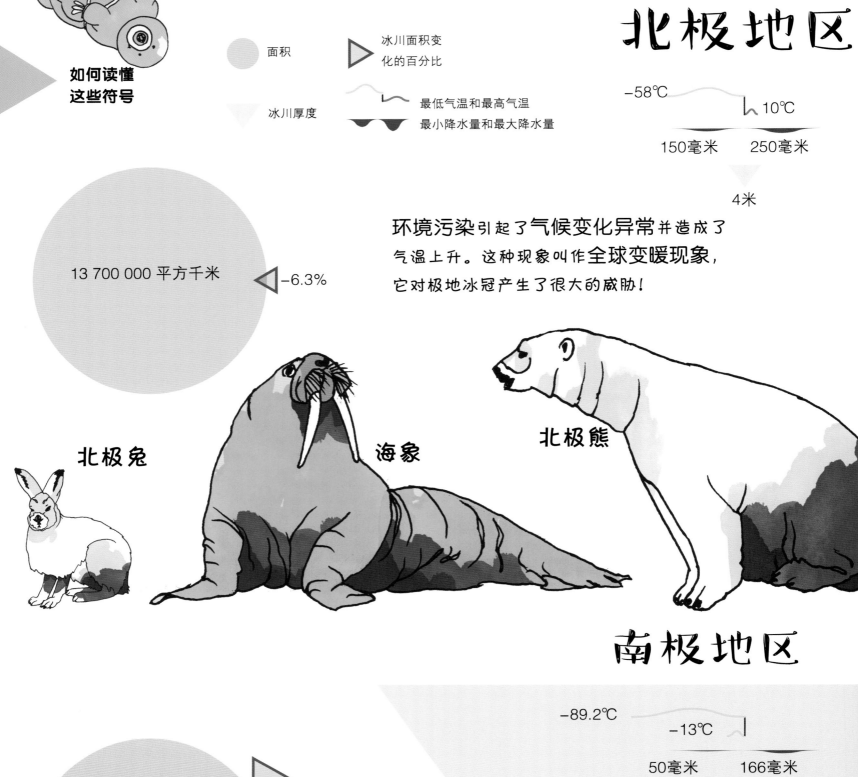

北极地区

如何读懂
这些符号

面积

冰川面积变
化的百分比

冰川厚度

最低气温和最高气温

最小降水量和最大降水量

−58℃ 10℃

150毫米 250毫米

4米

13 700 000 平方千米 −6.3%

环境污染引起了气候变化异常并造成了
气温上升。这种现象叫作全球变暖现象，
它对极地冰冠产生了很大的威胁！

北极兔

海象

北极熊

南极地区

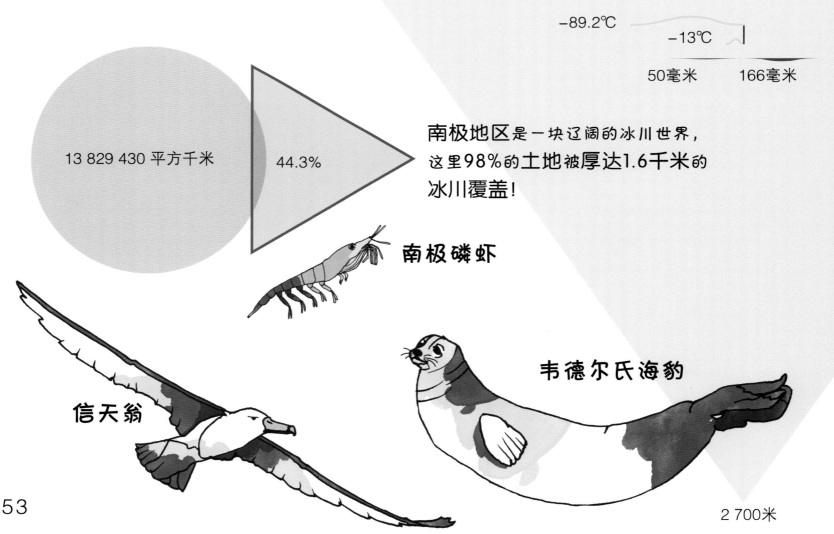

−89.2℃ −13℃

50毫米 166毫米

13 829 430 平方千米 44.3%

南极地区是一块辽阔的冰川世界，
这里98%的土地被厚达1.6千米的
冰川覆盖！

南极磷虾

韦德尔氏海豹

信天翁

2 700米

有人认为，如果再不采取行动，2050年之前北极冰川将统统消失！

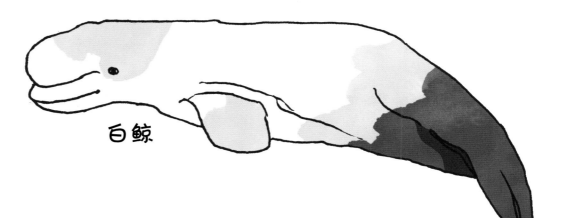

白鲸

麝牛

不难发现，两个极地地区差别很大。

北极地区更加脆弱，因为它本身温度更高，冰层也更薄，更容易在全球变暖的过程中慢慢融化。

目前南极洲处于安全状态，不受全球变暖的影响，如果地球的气温持续上涨，南极地区的冷流和冷风可能就难以保护我们的南极洲了。

帝企鹅

与北极地区不同，南极地区被西风漂流环绕，这是一股由西向东流动的强劲洋流，它把南极洲跟其他陆地的暖流隔绝开来。所以，南极洲附近的海域能持续保持低温并不断制造冰川。

南极小须鲸

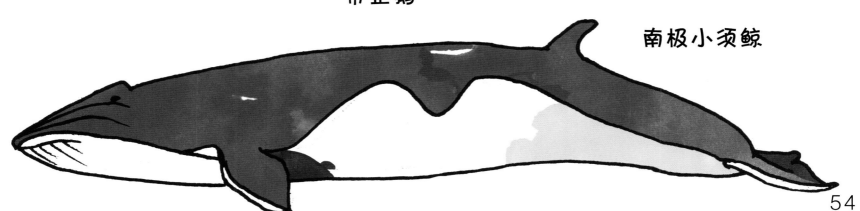

54

第十二章

自然界大记录

大自然及其居民的魅力永无止境。
奇异古怪的植物、能力非凡的动物、直入云霄的高山以及
日夜奔腾的江河。

走，我们出发！从世界顶端一直到最深邃的海底，让我们
一起去看一看大自然母亲创造的令人惊叹的大纪录！

最高的山峰

珠穆朗玛峰是喜马拉雅山脉里的一座山峰，位于中国和尼泊尔的交界处。

珠穆朗玛峰

位于中国和巴基斯坦的交界处。极其陡峭的山坡使它成为最难攀登的山峰。

乔戈里峰

这座山峰位于尼泊尔和印度的交界处，它总共有五座峰顶！

干城章嘉峰

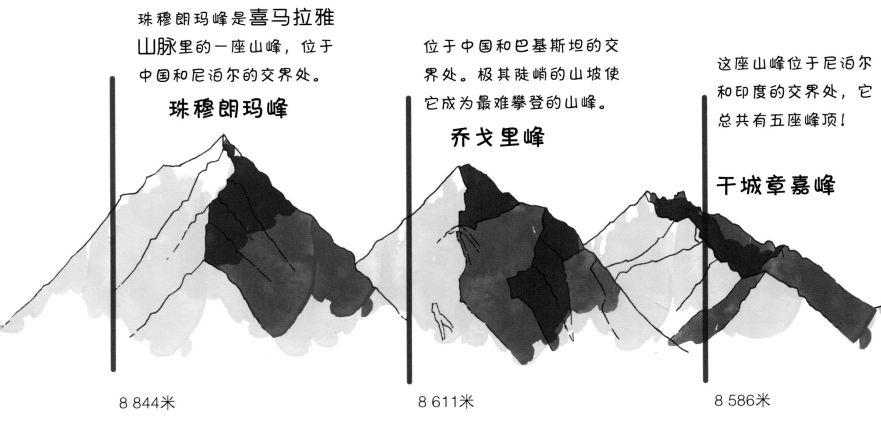

8 844米

8 611米

8 586米

最长的河流

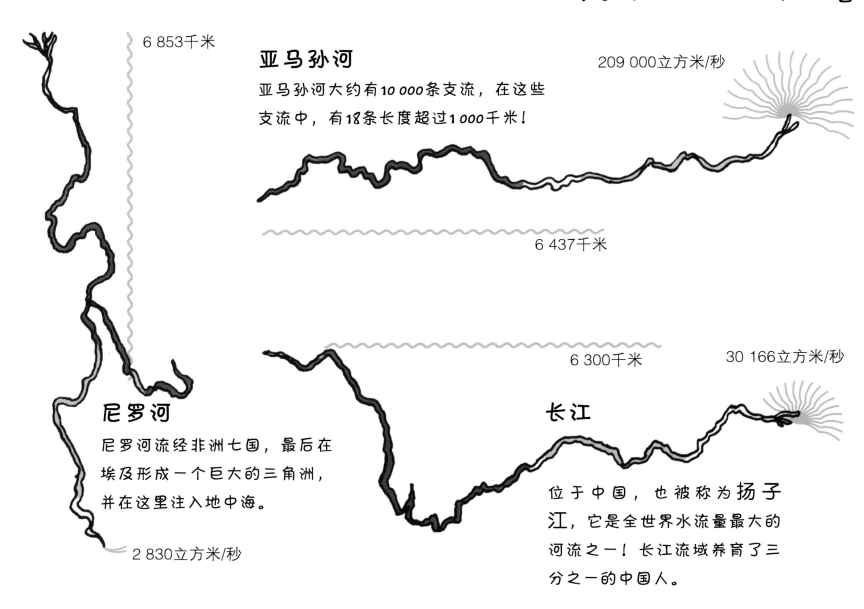

6 853千米

亚马孙河

亚马孙河大约有10 000条支流，在这些支流中，有18条长度超过1 000千米！

209 000立方米/秒

6 437千米

6 300千米

30 166立方米/秒

尼罗河

尼罗河流经非洲七国，最后在埃及形成一个巨大的三角洲，并在这里注入地中海。

2 830立方米/秒

长江

位于中国，也被称为扬子江，它是全世界水流量最大的河流之一！长江流域养育了三分之一的中国人。

最高的火山

这座火山位于阿根廷和智利的交界处。在6 893米高的地方，也就是火山的顶部，有一个火山湖。

它是智利和阿根廷的天然国界。人们在尤耶亚科山顶部发现了500年前的木乃伊。

这座巨大的阿根廷火山最近几次爆发时间大约是10 000年以前。

奥霍斯德尔萨拉多山

6 893米

尤耶亚科山

6 739米

提帕斯火山

6 660米

**如何读懂
这些符号**

～～～ 河流长度

水流量

高度　深度

面积

最深的湖泊

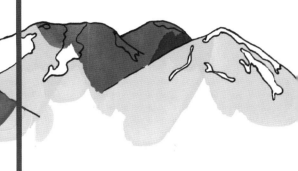

里海

1 025米

371 000平方千米

由于它面积相当大，我们称它为"海"，但根据它的位置，它其实被归类为"湖"。

1 637米

31 722平方千米

贝加尔湖

位于西伯利亚，其储备的淡水量大约是全球淡水量的20%！

坦噶尼喀湖

坦噶尼喀湖里生活着超过450种不同的鱼类，这片湖位于坦桑尼亚、刚果、布隆迪、赞比亚四国交界处。

1 470米

32 900平方千米

**如何读懂
这些符号**

速度

可举起的重量

可到达的高度

速度冠军

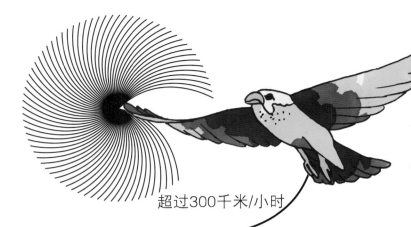

游隼

世界上短距离冲刺速度最快的鸟类。

超过300千米/小时

100千米/小时

猎豹

猎豹绝对是陆地上的赛跑冠军。

旗鱼

海洋里最快的游泳健将是旗鱼，海水的密度都无法阻挡它前进的速度！

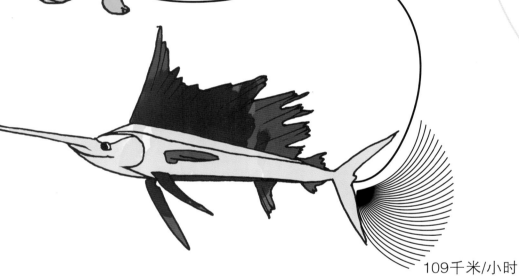

109千米/小时

270千克

力量冠军

非洲象

非洲象的鼻子大约有100 000块肌肉，能够举起很重的物品！

犀牛甲虫

1.3千克

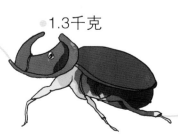

犀牛甲虫可以搬运相当于自身体重850倍的东西！

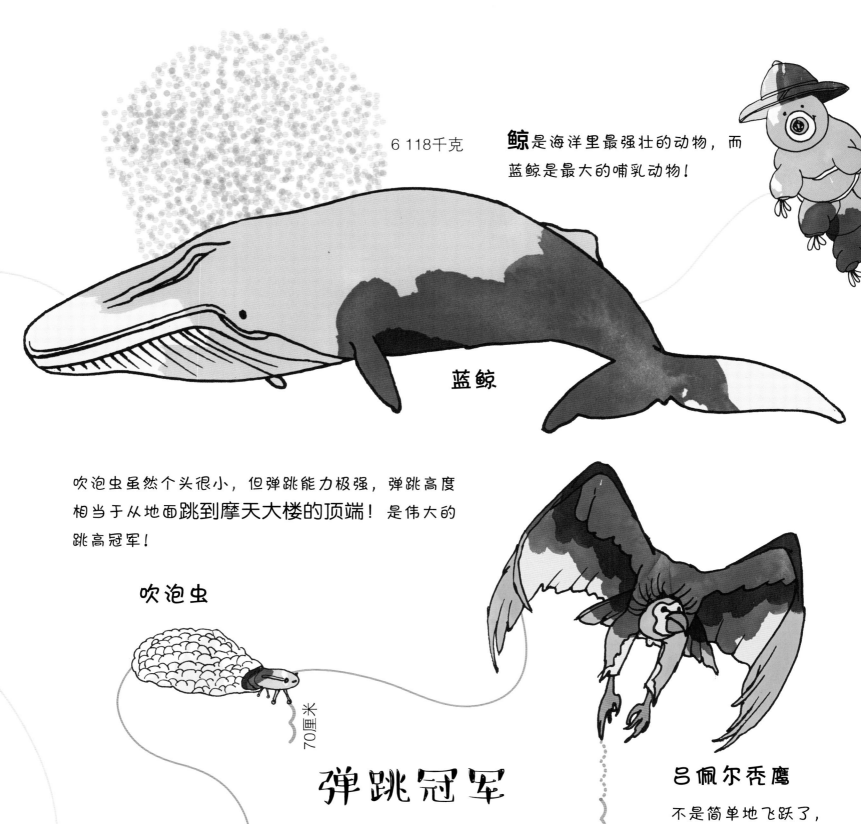

6 118千克

鲸是海洋里最强壮的动物，而蓝鲸是最大的哺乳动物！

蓝鲸

吹泡虫虽然个头很小，但弹跳能力极强，弹跳高度相当于从地面跳到摩天大楼的顶端！ 是伟大的跳高冠军！

吹泡虫

70厘米

弹跳冠军

吕佩尔秃鹰

不是简单地飞跃了，简直是翱翔天际。

6米

海豚

海豚跳出水面的姿势非常优美！

11 300米

我们是地球的保卫者！

地球是我们共同的家园，我们一定要好好保护它。

不关心或者不尊重环境，都会造成非常严重的后果。你肯定知道碳氢燃料燃烧、工业气体排放和垃圾处理不当引起的**环境污染现象**，这些行为给我们赖以生存的环境带来了许多**可怕的后果**，比如海平面上升、海域污染、水土流失以及极地冰冠融化！

森林面积锐减是另一个威胁地球健康的严重因素。森林为我们提供干净清新的空气，它是地球的肺，可现在却受到了严重破坏。

亚马孙热带雨林是地球上最重要、最大的生态系统之一，直到几年前，它总共吸收了超过二十亿吨的二氧化碳和污染环境的有害物质。但是，它的这个本领却在持续减弱。每年都有超过24 000平方千米的雨林遭到**毁坏**，同时超过50 000种生活在绿树间的动物也随之消失。

幸好不是所有的人类活动都对环境不利。

许多机构和社会团体接二连三地成立，纷纷展开
保护地球健康的行动！

你有没有想过，

小小的我们也可以为拯救地球做出一点贡献呢？

只需要一些简单的日常小举动哟！

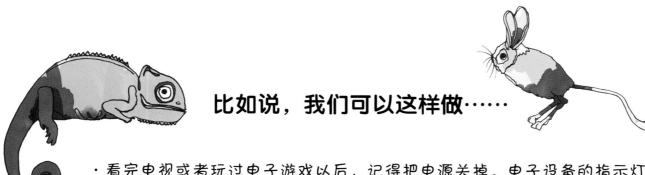

比如说，我们可以这样做……

· 看完电视或者玩过电子游戏以后，记得把电源关掉。电子设备的指示灯要消耗大约10%的电能。电能消耗越多，对环境的污染也就越大。

· 刷牙的时候关掉水龙头。就在这短短几分钟内，你可以节省大约30瓶水！

· 物尽其用。比如你的铅笔或者水彩笔，等它们全部用完再扔掉，这样你会发现你买东西的频率变低了，也就说明你制造的垃圾变少了！

· 如果你已经玩腻了你的玩具，别急着买新玩具。发挥你的想象力和创造力，试一试用罐子、玻璃瓶、纸盒和易拉罐发明一些新玩具，这样你也少制造了一些垃圾！

· 本子双面写。纸张写满了再扔掉，每年每个家庭写字、画画用掉的本子要"消耗"大约2棵树！

· 垃圾分类。纸张要扔进相应的垃圾桶内，1千克循环利用的纸相当于拯救了一棵树呢！

· 你知道吗？我们的环境需要耗费许多时间来分解垃圾，所以我们一定要把垃圾扔到相应的垃圾桶里，以便收集后循环利用。要知道，环境需要用5年的时间才能分解一个吐在地上的口香糖，需要100年来分解一个易拉罐，甚至需要1000年才能分解一个塑料袋！

亲爱的朋友，我们的旅程到此结束，现在就看你的了！

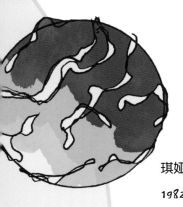
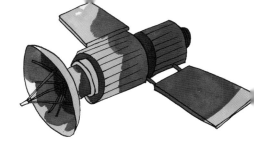

琪娅拉·毕萝笛

1982年生于韦尔切利，2007年毕业于帕维亚大学心理学专业，然后留校成为生理心理学的研究员，并执教神经心理学临床试验课程。她是一位心理学家，尤其是神经心理学的专家，专门从事认知进化的心理治疗。她在米兰综合医院与治疗中心工作，在那里，通过接触不同年龄段、身心健康有严重问题的孩子，她的临床经验逐渐成熟。此外，她还发表了一些神经心理学领域的科学论文。痴迷旅行、生性好奇的她，有时候住在巴塞罗那，有时候又住在米兰，做一个不断成长的心理医生。

费德丽卡·法佳潘妮

1988年生于韦尔切利，她是一位设计师兼自由插画家。在米兰理工大学就读期间，她攻读了信息设计与数据可视化专业，从2012年起她开始在此领域工作。她的毕业论文被收录于2015年ADI（意大利工业设计协会）设计索引，并获得了青年设计师大奖，她的另外一项设计还获得了2014凯度信息之美大赛的提名奖。毕业以后她与国内外许多出版社和杂志社有过合作。

图书在版编目（CIP）数据

地球 / (意) 琪娅拉·毕萝笛著；(意) 费德丽卡·法佳潘妮绘；何碧寒译. -- 南昌：江西美术出版社, 2019.10
ISBN 978-7-5480-5184-8

Ⅰ.①地… Ⅱ.①琪… ②费… ③何… Ⅲ.①地球 – 少儿读物 Ⅳ.①P183-49

中国版本图书馆CIP数据核字(2017)第042442号

出品人　周建森
总策划　周建森　刘芳
责任编辑　刘滟　彭珍　邹莎
责任印制　汪剑菁
装帧设计　胡文欣
图表制作　瓦伦缇娜·费古斯

White Star Kids® is a registered trademark property of White Star s.r.l.
©2016 White Star s.r.l.
Piazzale Luigi Cadorna,6
20123 Milan, Italy
www.whitestar.it
版权合同登记号：14-2016-0353

地球

[意]琪娅拉·毕萝笛（著）　[意]费德丽卡·法佳潘妮（绘）　何碧寒（译）

出　版　江西美术出版社
社　址　南昌市子安路66号
邮　编　330025
电　话　0791-86566132
发　行　全国新华书店
制　版　江西省江美数码印刷制版有限公司
印　刷　鹤山雅图仕印刷有限公司
版　次　2019年10月第1版
印　次　2019年10月第1次印刷
开　本　787mm×1092mm　1/8
印　张　9
定　价　98.00元
ISBN　978-7-5480-5184-8